?!　科学漫画　サバイバルシリーズ

水不足の
サバイバル

（生き残り作戦）

かがくるBOOK

물 부족에서 살아남기

Text Copyright © 2016 by Sweet Factory

Illustrations Copyright © 2016 by Han Hyun-dong

Japanese translation Copyright © 2016 Asahi Shimbun Publications Inc.

All rights reserved.

Original Korean edition was published by Mirae N Co., Ltd.

Japanese translation rights was arranged with Mirae N Co., Ltd.

through VELDUP CO.,LTD.

水不足の サバイバル

ぶん：スウィートファクトリー／え：韓賢東

はじめに

　テレビや新聞で、世界の国々で起きている水不足のニュースがよく報じられます。水不足に苦しんでいるアフリカでは、きれいな水を求めて毎日何時間もかけて遠くに水を汲みに行かなければならない人々や、汚い水を飲んで病気にかかり苦しんでいる人々がいます。また日本でもダムが干上がって底が見えたり、飲み水が不足したり、農業に使う水が不足して野菜などの作物に影響を与えたりといったことがあります。

　しかし、ふだん私たちは、水不足を感じることなく日常生活を送っています。家では蛇口をひねるだけできれいな水道水を使うことが出来ますし、銭湯やプールでは非常にたくさんの水を1度に使っています。ですが、世界の国々の中には、先ほど述べたように、水が不足している地域があります。また、今後は地球の中で私たちが使える水が不足していくかもしれないともいわれています。それはどうしてでしょう。

　地球は水の星と言われ、たくさんの水があります。しかし、そのうちの97％以上は海水をはじめとする塩水です。残る3％の淡水も、多くが氷河になったり、地下深くにあったりするので、川などにある私たちが使いやすい水は、地球上の水の0.01％にすぎません。

　これから地球の人口が増えれば、使われる水の量がもっと増えますし、温暖化で環境が大きく変わることで、使える水の量が減るかも知れません。水が不足すれば、私たちの生活は成り立ちません。そうならないようにするには、どうしたらいいのでしょうか。

Survival in a DROUGHT

　ジオたちの街は、もう1年もの間水不足に見舞われています。街路樹は枯れてプールや銭湯は営業できず、断水のためにろくに入浴することも出来ません。水不足のせいで不便な生活をしていたジオとピピは、海辺の村で水不足を解消する方法を研究していたノウ博士とケイを訪ね、そこでウォーターロボットの"ロボ"と出会います。水を探知する機能を持つロボが教えてくれた水を探し求めて、ジオ、ピピ、ケイは穴を掘り始めます。しかし、突然足元の地面が崩れ大きな穴に落ちてしまったジオたちは、怪しげな青年に出会い……。

　全ての水が枯れ果て、水を飲むことすらできなくなったジオたちは、果たして生きて戻ることが出来るのでしょうか？

スウィートファクトリー、韓賢東

目次

1章
ノウ博士の新しい研究 ……… 10

2章
ウォーターロボット、ロボの活躍 ……… 26

3章
怪しい水売り ……… 42

4章
砂嵐の脅威 ……… 60

5章
脱水症状の恐ろしさ ……… 78

6章
サカの秘密 ……… 96

Survival in a DROUGHT

7章
汚れた水がもたらす病気 …… 114

8章
地下タンクの真実 …… 134

9章
きれいな水を求めて …… 154

登場人物

ジオ

> 水があるなら下水道でも砂漠でも行ってみよう！

水が止まってしまったトイレのせいで、ちょっとした騒動を起こすが、誰もが認める「サバイバルキング」らしく、空腹にも渇きにも勇敢に立ち向かう。お腹をこわしたケイを気遣い、心配と空腹で元気がないピピを元気付けるなど、危機的状況の中でもサバイバルリーダーの役割を果たそうとする。

ピピ

> 私の島でも雨が降らないけど、本当に地球の水が減ってるの？

風呂嫌いで、居場所が臭いで分かる。見知らぬ土地で出会った怪しげな水売りのサカに興味を持ったように見えたが、誰よりもケイを心配してやまない一途なところがある。酷暑と砂嵐にあっても元気と明るさを忘れないが、空腹には弱い。

Survival in a DROUGHT

「地球の淡水の70％は氷河にあるんだ。これを使わないでどうする！」

サカ

砂漠を回って氷河水を売り歩く水売りの青年。井戸に水があるか調べていたら、水の代わりにジオを汲み上げてしまった。偶然出会ったジオたちに、とても親切にしてくれるが、時々、何か企んでいるような素振りを見せる。

「きれいな氷さえあればすぐに回復するさ。」

ケイ

きれい好きで重度の潔癖症。水不足が起こったことで誰よりも苦しんでいる。海岸の村でノウ博士の研究を手伝っていた。きれいな水があると聞いて穴を掘ることになり、なぜか見知らぬ砂漠にたどり着き脱水症状で苦しむ。

ノウ博士とロボ

水不足を解消するために新たな研究を始めた、医者にして発明家。ノウ博士の新しい発明品であるロボはまるで加湿器のような外観だとジオにバカにされるが、水探索機能や浄水機能などを備えた、高性能のロボットだ。

＊シェードボール：黒く塗られたプラスチックのボールで、これで水面を覆うことで水が蒸発したり、有害物質が発生したりしないようにするもの。

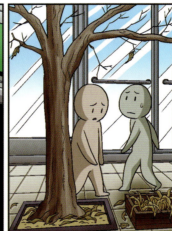

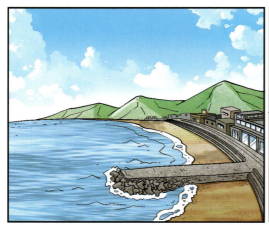

水のタンクか。どこかに運ぶのかな？

見て！田んぼの水が干上がってるわ。

ここも深刻そうだね。

あ、あそこだ！博士〜、ケイ〜！

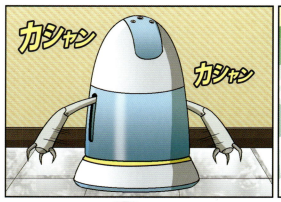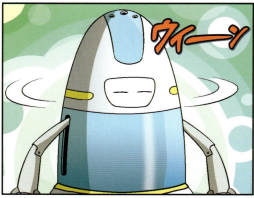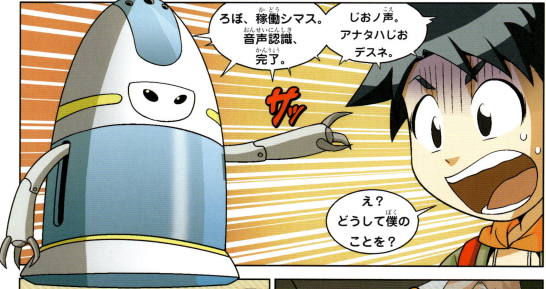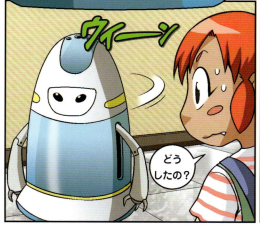

サバイバル科学知識

水不足の危機に直面している地球

　私たちは、毎日顔を洗ったり歯を磨いたり、トイレやシャワーをしたりして水を使っています。また、のどが渇くと1日に何杯も水を飲んだりします。水は日常生活に無くてはならない資源ですが、使うことが出来る水が足りなくて不便な生活を強いられたり、飲み水がなくて苦しんでいる人もいるのです。

日本の水不足

　日本の年間平均降水量は1718mmで、世界平均の880mmの約2倍に相当します。しかし、だからと言って日本は水不足と無関係ではありません。

　日本では、雨の降る量は季節ごとに大きく変わるので、河川の流量も1年を通して大きく変動します。そのために、ダムなどをつくって水源としていますが、ダム付近の降水量が少なかったりしたために、たびたび渇水が起きています。特に1994年に西日本を中心に起きた大渇水では、全国で約1600万人もの人が断水などの影響を受け、約1400億円もの農作物の被害がありました。

2016年初夏には、少雨や冬の降雪不足の影響で、利根川上流のダムの貯水率が大きく落ち込み、取水制限が行われた（写真は群馬県の矢木沢ダム。6月に貯水率が10％になった）。

干ばつと水不足は違う？

　干ばつと水不足は同じように思われていますが、実は意味が少し違います。雨がいつも降る量より少なかったり、降らない期間が長く続くことを干ばつと言い、必要な量より水が少ない状態を水不足と言うのです。雨がたくさん降って干ばつが起こっていない地域でも、使える水をちゃんと管理していなかったり水を浪費してしまったりすると水不足が起こる可能性があるのです。

世界各国の水不足状況

中国は世界第6位の豊富な水資源を保有していますが、膨大な人口のために世界で最も水が不足している国の1つに数えられています。また、急速に産業化が進んでいることで水質汚染も進み、多くの地域で水不足が起こっています。

アメリカ西部では地域によって水を貸し借りできる、水バンク制度を検討中なんだ。

高温乾燥が続く異常気象によって夏の降水量が減少したアメリカの中西部と南西部は今も深刻な水不足が起こっています。特に農業が盛んなカリフォルニア州では干ばつの被害が深刻で、州政府は節水を義務化したり、給水をしたりするなど、様々な取り組みをしています。

中国

アメリカ

アフリカ大陸

インド

南米大陸

アフリカ大陸は全域で水資源が少ない地域であり、上下水道も整備されていないのできれいな水が供給されていないところが多いです。そのため、アフリカでは川や湖、雨水の利用をめぐって、国家間や部族間の紛争が起こったりしています。

インドは年間降水量の90％が夏（雨期）に集中している上に、人口が爆発的に増加しているので、水を効率的に管理するのが難しい国です。インド北部のガンジス川は農業用水として大変重要な役割をしていますが、ここで体を洗うと極楽へ行けるというヒンズー教の教えがあり、たくさんの人が集まってくるので、年々汚染がひどくなっています。

南米大陸はエルニーニョ現象の影響による干ばつや、砂漠化が進んだことで、水不足が起こっています。特にボリビアとチリは河川の使用権をめぐって長い間紛争が続いています。

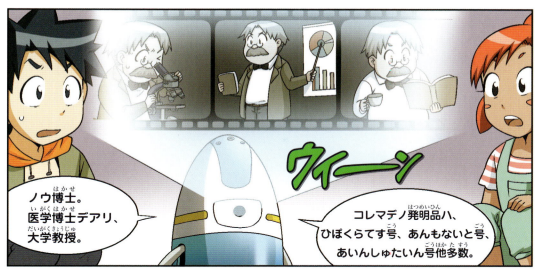

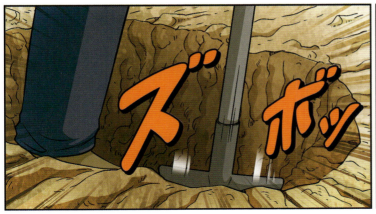

サバイバル科学知識

どうして水不足が起こるの？

増える人口、増える水使用量

　1927年から現在までで世界の人口は約3倍以上に増加しており、水の使用量は6倍に増加しています。人口が増加すると入浴や飲食に使う水はもちろん、農業用水や工業用水もそれだけ必要になってきます。人口の増加は、家庭からの排水が増えるだけでなく、工場の生産量を増やすため、工場排水の増加にもつながります。これらの排水が適切に処理されずに地下水や川や海に流れると、水質汚染の原因になります。また産業廃棄物による土壌の汚染も、水質汚染の原因となります。地球の水の量は一定なのに対して水を使う人間の数は増加しており、1人当たりが使う水の量もだんだん増えることで、使える水の量が足りなくなっているのです。

枯れていく地下の水

　雨水が地中にしみ込んで、土や粘土の層を時間をかけて通過する間にきれいな水になる地下水は貴重な資源です。しかし、都市化が進み地面がコンクリートやアスファルトで覆われているため、雨水が地面にしみ込まず、地下水が貯まるよりも汲み上げて使うスピードがずっと速いので、地下水も次第に枯渇しています。まだ残っている

地下水が枯渇すると地中に空間が出来て陥没してしまうんだ。

地下水が枯渇して出来たシンクホール。

地下水も土壌汚染の影響を受けて使えなくなることも多くなっています。近年、アメリカでは、人工衛星から地層を調査した結果、アメリカの地下水が急速に減少しているという発表がありました。降水量が少なく、生活に必要な水のほとんどを地下水に依存しているインド北西部やパキスタン北部、アフリカなどでは地下水の枯渇が深刻な水不足を招いています。

アンバランスな降水量の原因、異常気象

地球上の水は蒸発した後、再び雨になって地面に降ることで一定の量を維持しています。しかしエルニーニョ現象やラニーニャ現象などを始めとする異常気象現象のために、ある特定の地域に干ばつや洪水が立て続けに起こっています。もともと夏は高温多湿だったアメリカ西部地域は、高温乾燥状態が続いていて、2011年からひどい干ばつや山火事に苦しんでいます。その一方で、ペルーやアルゼンチンは豪雨による洪水で大変な被害を受けています。洪水が起こると河川の水と排水が混ざって水資源を効率的に使えず、これもまた水不足の原因になります。日本も地球温暖化の影響で次第に降水のバランスが悪くなり、異常気象や集中豪雨が深刻な問題になっています。

エルニーニョ現象とラニーニャ現象

エルニーニョとラニーニャは、暖かい海流（暖流）と冷たい海流（寒流）が通常とは違う動きをして海水の温度が上がったり下がったりする現象のことです。エルニーニョは、主にペルー付近の東太平洋上で、寒流に赤道からの暖流が流入してきて海水の温度が上昇する現象です。これにより、風の方向や空気の動きが変わり特定の地域に豪雨や干ばつなどの異常気象が発生するのです。これとは逆に東太平洋の海水の温度が低くなるラニーニャが発生すると、豪雨が降る地域と干ばつが起こる地域が反対になります。地球温暖化の影響でエルニーニョが発生する回数が多くなり、干ばつや洪水に苦しむ国がどんどん増えています。

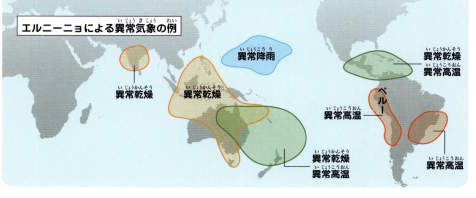

エルニーニョによる異常気象の例

3章
怪しい水売り

ジオ……、目を開けて……。

ピク

う、うん……。

パチ

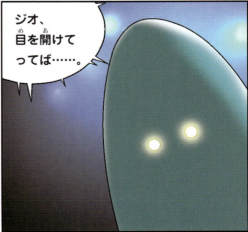

ジオ、目を開けてってば……。

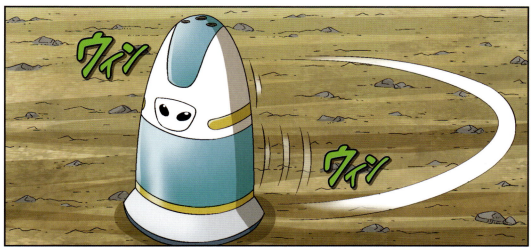

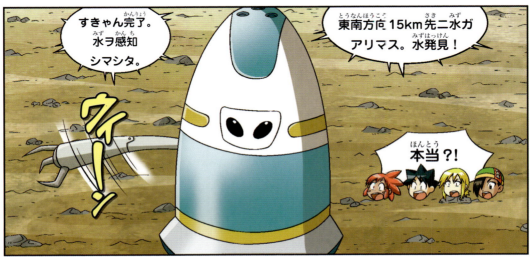

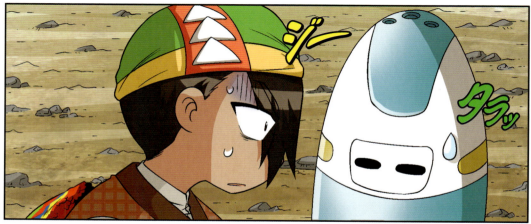

サバイバル科学知識

水の分布と循環

飲める水はどれだけあるの？

　地球表面の70％を占めているのは水です。しかし、地球にある水全部が使えるわけではありません。地球上の水の約97.5％は、海水などの塩分を含んだかん水です。かん水は塩分のせいで生物が飲むことも出来ず農業に使うことも出来ません。かん水を除いた残りの水も3分の2はカチカチに凍っていたり、地中に埋まっていたりするので簡単には使えないのです。結局、地球の水のうち私たちが使いやすい川などにある水は、わずか0.01％に過ぎません。地球上の全ての水を10000個のコップに入れたと仮定すると、そのうちの1個の水しか使えないということになります。

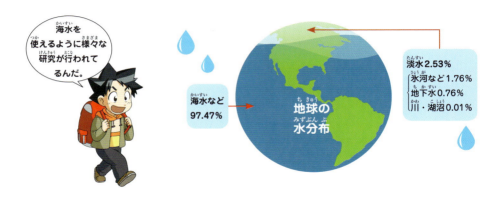

海水を使えるように様々な研究が行われてるんだ。

海水など 97.47％

地球の水分布

淡水 2.53％
氷河など 1.76％
地下水 0.76％
川・湖沼 0.01％

私たちが使える水、淡水

　海水よりも塩分量がずっと少なく、動物が飲んだり植物にも使えたりする水を淡水と言います。湖や河川、氷河、万年雪、地中の地下水などの淡水は、上下水道の施設で浄水され水道水として使用されます。地表と海の水分が蒸発して再び雨や雪になって降ると再び湖や川に流れるので、淡水の量はほぼ一定の量を維持しています。しかし、淡水の量が十分に蓄えられる前に使用されてしまったり、川や湖を埋め立てるなどの土地開発が増えたりすると、私たちが使える淡水の量は次第に減ってしまっています。

地球をめぐる水

地球上の水は形を変えながら常に循環しています。太陽光を受けて蒸発した水蒸気が上空の冷たい空気とチリによって水滴に変わり、雲になります。十分に集まって重くなると、水滴は雨や雪になり、地面に降ります。そして、地中にしみ込み地下水や川、湖、海に流れ、再び蒸発して上空に上がります。雪が降った後、溶けずに残って万年雪や氷河になりそのまま残る場合もあります。

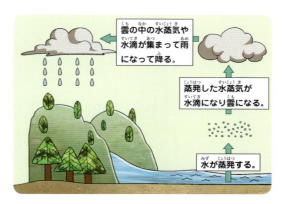

雲の中の水蒸気や水滴が集まって雨になって降る。

蒸発した水蒸気が水滴になり雲になる。

水が蒸発する。

水が循環して出来ること

水蒸気や雲、雨、雪などに姿を変えて休むことなく循環している水は、地球上の動物や植物を生かしています。また空気中や地面、植物の上にあるホコリや汚染物質を洗い流し、土や岩石が雨水や海水に削られて洞窟や崖などの地形を作ったりすることもあります。

水は私たちが暮らしている地球全体をめぐっているだけでなく、私たちの体内にも入るので、一度汚染された水は土壌や動物の健康に大きな影響を与えてしまいます。

川の水の流れもいろいろな地形を作るよ。

三角州
©Vyskoczilova

川の下流の三角州　川の水が運んできた土砂が集まって出来た三角州などの地形を堆積地形という。

4章
砂嵐の脅威

マンゴージュース。

キンキンに冷えたコーラ。

サイダー。

冷た～いウーロン茶。

ジリジリ

口にしたら、よけいに飲みたくなってきた……。

のどだけじゃなくてお腹も空いたわ。

冷やし中華食べたい！

ピザがいいわ！

ソーセージ、巻き寿司……。

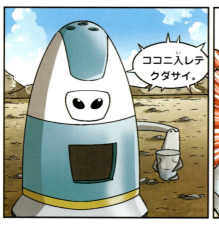

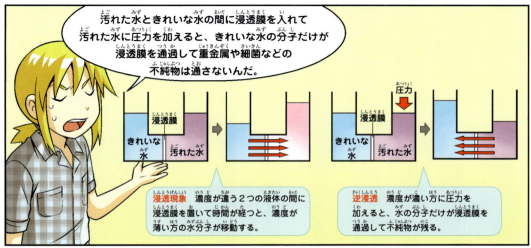
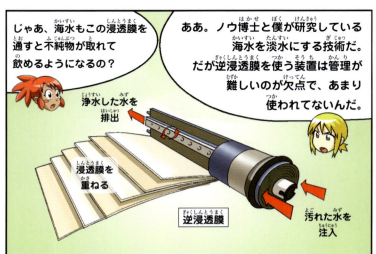

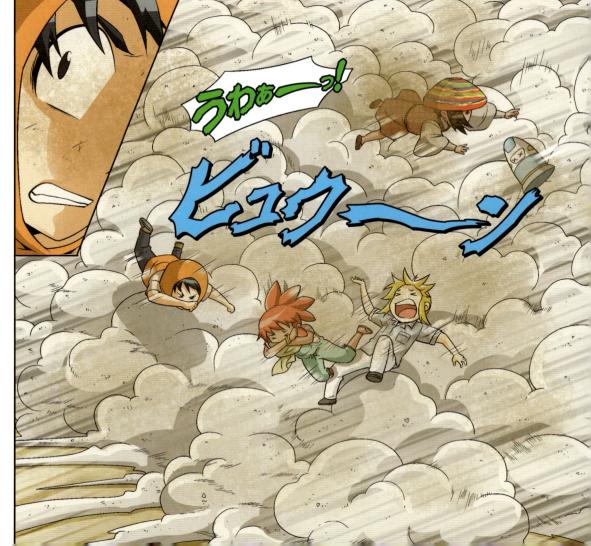

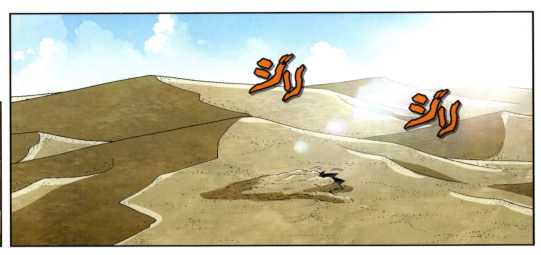

サバイバル科学知識

きれいな水を作るには？

水道水が出来るまで

現代は産業化と生活排水の増加で水が汚染されているため、自然そのままの水にはウィルスや細菌がいる可能性があります。私たちが使う水道水は川や湖、貯水池などの水源から引いてきた水に多くの段階の浄水作業を繰り返して作ります。日本の水道水は飲み水として使えるほどきれいで、値段も安いのが特徴です。

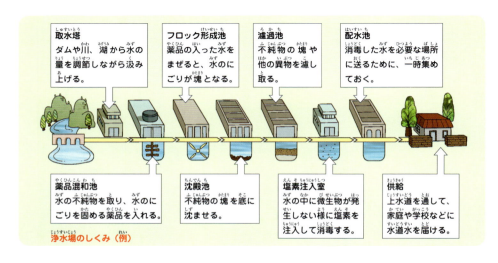

浄水場のしくみ（例）

- **取水塔**：ダムや川、湖から水の量を調節しながら汲み上げる。
- **フロック形成池**：薬品の入った水をまぜると、水のにごりが塊となる。
- **濾過池**：不純物の塊や他の異物を濾し取る。
- **配水池**：消毒した水を必要な場所に送るために、一時集めておく。
- **薬品混和池**：水の不純物を取り、水のにごりを固める薬品を入れる。
- **沈殿池**：不純物の塊を底に沈ませる。
- **塩素注入室**：水の中に微生物が発生しない様に塩素を注入して消毒する。
- **供給**：上水道を通して、家庭や学校などに水道水を届ける。

買って飲む水、ミネラルウォーター

水道水は飲み水に利用できるきれいな水ですが、最近ではミネラルウォーターを買って飲む人も増えています。ミネラルウォーターを売る会社は、各社様々な方法で地下水を採取して浄水処理してから販売しますが、主に濾過方法で地下水の中の土や埃、カビ、細菌を取り除いています。水道水を飲み水に使えないヨーロッパなどで始まった水を買って飲む習慣は、健康ブームの影響もあり、今では日本でも一般的になりました。

僕も水売りになろうかな？

きれいな水を作る技術
汚染物質を濾して取り除くフィルター

　目に見えない細菌やウィルス、重金属のような汚染物質を濾すためには非常にきめが細かく精密なフィルターを使わなければなりません。宇宙ステーションで飲み水を作るために使われる浄水装置などには、逆浸透膜が使われています。濃度の違う2つの液体の間に浸透膜を設置すると、濃度が薄い液体が濃い液体の方に移動し、両方の濃度が同じになる現象が起きます。これを、浸透圧現象と言い、逆に濃度が濃い方に圧力をかけると、水の分子だけが浸透膜を通過します。これを利用したのが、逆浸透膜です。逆浸透膜は非常に小さい汚染物質まで濾し取るので、海水を飲料水にすることが出来ますが、フィルターの衛生状態を維持するのが難しいと言う欠点があります。

海水を淡水にする方法

　海水を淡水にする方法を海水淡水化技術と言いますが、特に中東やアフリカなど水が足りず新たな水資源が必要な国には、重要な技術です。しかし海水淡水化装置を作って運用するのには莫大な費用とエネルギーがかかり、淡水化する過程で発生する排水や放射性物質の処理に手間がかかるので、まだ広まってはいません。

様々な海水淡水化技術

蒸留法 海水を沸かして水蒸気を集めて水に変える方法。最も簡単な方法だが、二酸化炭素が発生すること、莫大なエネルギーが必要だという短所がある。

逆浸透膜法 逆浸透の原理を利用して浸透膜で塩分を濾す方法。蒸留法に比べ経済的だが、浸透膜を清潔に保つのが難しい。

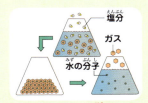

ガス・ハイドレード法 ガスを使って海水を固体にした後、純粋な水の分子だけを取り出す方法。エネルギーは少なくて済むが、まだ開発の途中だ。

5章
脱水症状の恐ろしさ

うぅん……。

うう、寒い。

ピピ！どこにいるんだ？
ジオ？
ケイ！
ケイちゃ～ん！

ケイ！食べ物を見つけたよ。

ええ、この砂漠の真ん中で？

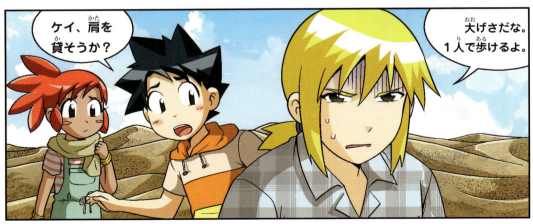

サバイバル科学知識

人間の体に無くてはならない水

　私たちの体を構成する細胞のほとんどは水で占められており、血液や筋肉、臓器なども主要な成分は水なのです。大人で体重の約60％が、子どもで約70％が水分です。

体内での水の役割

　体内で水は少しも休まずに、臓器や血液、細胞などを回っています。胃で分泌される胃液、細胞を構成する細胞液、血管を通って体中を流れる血液などはほとんど水でできています。水は体内を回ってそれぞれの器官に栄養素を運搬して酸素を供給します。また、体に溜まった老廃物や毒素を排出するのを手伝っているので、水が不足すると悪い物質が体に溜まって様々な病気になることもあります。他に、汗を出して体温を調節することも体内の水分の役目です。

水はどれぐらい飲まなければいけないの？

　1日に必要な水分量は、その人の年齢や体重によって異なり、子どもの場合は体重1kg当たり60〜80ml、大人の場合は体重1kg当たり40〜50mlとも言われています。例えば、体重25kgの子どもの場合、1日に1.5〜2ℓの水分が必要です。水分は、飲み物だけでなく食べ物からも摂取しています。レタスやトマトなどのような水分を多く含んでいる野菜や果物を食べると、水分の補給に役立ちます。コーラやコーヒー、ココアなどの飲料水の中の砂糖やカフェインは、体から水分を排出する役割をするので、汗をたくさんかいたりのどが渇いた時は、ミネラルウォーターやスポーツドリンクなどを飲むといいでしょう。

水分補給に役立つ食べ物 — 水分が多い野菜や果物
©Optimarc, JIANG HONGYAN

水分補給を邪魔する食べ物 — 炭酸飲料やコーヒー、味の濃い食べ物
©Valentyn Volkov, Successo images

命を失うこともある脱水症状

普通、人間は水を飲まずに3日間程度は耐えることが出来ますが、体内の水分が20％以上失われると死亡してしまいます。人間の体は水分が不足すると、脳下垂体から渇きを感じるホルモンを分泌して水を飲むように促し、腎臓にも信号を送って尿をあまり出さないで体内の水分を維持するよう命令を出すのです。

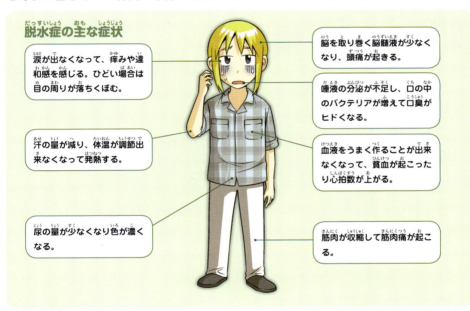

脱水症の主な症状

- 涙が出なくなって、痒みや違和感を感じる。ひどい場合は目の周りが落ちくぼむ。
- 汗の量が減り、体温が調節出来なくなって発熱する。
- 尿の量が少なくなり色が濃くなる。
- 脳を取り巻く脳髄液が少なくなり、頭痛が起きる。
- 唾液の分泌が不足し、口の中のバクテリアが増えて口臭がヒドくなる。
- 血液をうまく作ることが出来なくなって、貧血が起こったり心拍数が上がる。
- 筋肉が収縮して筋肉痛が起こる。

脱水症状になった時はどうするの？

強い日差しの中に長時間いたり激しい運動をすると、汗をたくさんかいて軽い脱水症状を起こし、めまいや頭痛を感じる場合があります。このような軽い脱水症状は、水やスポーツドリンクを飲み、食べ物を食べると回復します。しかし症状が深刻で気を失った場合は、無理矢理水を飲ませると気道を塞いでしまうことがあるので、涼しい場所で、安静にして寝かせ、すぐに救急車を呼びましょう。

6章
サカの秘密

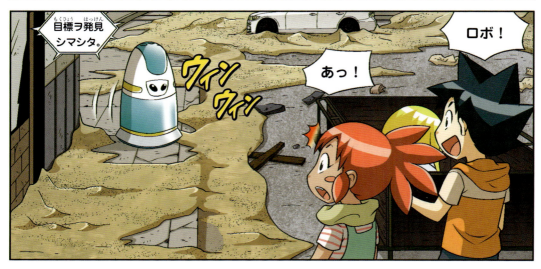

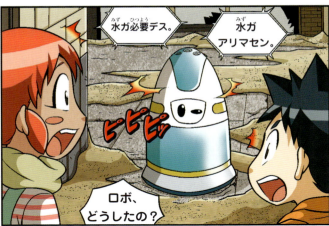

＊水系伝染病：水や食べ物の細菌によって伝染する病気。腸チフスやコレラなどがある。

サバイバル科学知識

水をめぐって起こる紛争

　西アジアのチグリス川やユーフラテス川、アフリカのナイル川のように、大きくて長い川の沿岸にはいくつかの国が集まっていることがあり、それらの国々は1つの川から飲み水や生活用水を得ています。そのため安定した水量を確保しようと国同士の争いが起こることがあります。特に西南アジアやアフリカなどの乾燥した地域では、よく水をめぐる紛争が起こっています。

代表的な紛争地域

　レバノンとシリア、イスラエルはみなヨルダン川の水を利用している国です。1967年に起きた第3次中東戦争は、ヨルダン川をめぐる水紛争が背景の1つです。2001年にはレバノンとイスラエルが川の水の使用をめぐって紛争を起こしました。また、ユーフラテス川にトルコがダムを建設すると、その周辺国のシリア、イラクとの間で争いが起こりました。川の上流にダムができると、下流の地域には水が足りなくなることが起こるため国家間の紛争につながってしまいます。

ナイル川のアスワンハイダム　エジプトは巨大なダムを建設して、ナイル川の水を効率的に利用できるようになりましたが、川の下流では水量が減って様々な問題が起こっています。

大規模な工場をめぐる水の紛争

　大規模な工場と、その工場がある地域との間で、水をめぐって争いが起きることがあります。工場は製品を作るために大量の水を必要とするだけでなく、工場排水が適切に処理されない場合、水質汚染が起きるからです。

　近年の例で言えば、インドで国際的な飲料メーカーが大規模な生産工場を作りましたが、飲料を作るために大量に水を使ったため、住民らの使用する水が不足するという問題が起きました。住民たちはこれに対し、工場の閉鎖などを要求する運動を起こしました。

水不足を解消するための努力

水不足問題は世界各国がともに解決しなくちゃね！

国連では「経済的権利と義務に関する憲章」を通じて、さまざまな国家が地球の自然資源を効率的に使うことができるよう、お互い努力することを主張しています。地球に住む人々は水不足の危機を解決するために、どのように協力しているのでしょうか？

水をめぐる国際会議

水を使う権利は、人間に等しく分け与えられなければならない基本的な権利です。これは1977年3月、アルゼンチンのマルデルプラタで世界最初に開かれた国連水会議で宣言された内容です。国連は世界を代表して、すべての国家が安定してきれいな水を飲むことができなければならず、飲み水と衛生施設についての権利が保障されなければならないというメッセージを伝えてきました。1996年に国際機関や水の学会などによって設立された「世界水会議」は、3年ごとに世界水フォーラムを開催しています。世界水フォーラムでは水の節約と水資源の開発に関する先端技術を紹介して、各国の政府や国際機関、市民団体などが水問題を解決するための方法を議論しています。

「世界水の日制定」

1993年に国連は、毎年3月22日を「世界水の日」に定めました。日本ではすでに1977年から8月1日を水の日に定め記念してきました。この日を初日とする1週間を「水の週間」として、毎年、水資源の有用性や水の貴重さ、水資源開発の重要性について、国民の関心を高めるためのイベントが、各地で開催されています。

釜山「世界水の日」イベント

隣国の韓国では、「世界水の日」に合わせて毎年イベントを行っている。韓国で開発中の海水淡水化技術や、各種水問題を解決するための産業技術が紹介された。

7章
汚れた水が
もたらす病気

郵便はがき

ここに切手を貼ってね！

朝日新聞出版　生活・文化編集部

「サバイバル」「対決」「タイムワープ」シリーズ　係

☆愛読者カード☆シリーズをもっとおもしろくするために、みんなの感想を送ってね。
毎月、抽選で10名のみんなに、サバイバル特製グッズをあげるよ。

☆ファンクラブ通信への投稿☆このハガキで、ファンクラブ通信のコーナーにも投稿できるよ！
たくさんのコーナーがあるから、いっぱい応募してね。

ファンクラブ通信は、公式サイトでも読めるよ！　[サバイバルシリーズ　検索]

お名前		ペンネーム	※本名でも可
ご住所	〒		
電話番号		シリーズを何冊もってる？	冊
メールアドレス			
学年	年	年齢　　才	性別
コーナー名	※ファンクラブ通信への投稿の場合		

※ご提供いただいた情報は、個人情報を含まない統計的な資料の作成等に使用いたします。その他の利用について
詳しくは、当社ホームページ https://publications.asahi.com/company/privacy/ をご覧下さい。

☆本の感想、ファンクラブ通信への投稿など、好きなことを書いてね！

ご感想を広告、書籍のPRに使用させていただいてもよろしいでしょうか？
1. 実名で可　　　2. 匿名で可　　　3. 不可

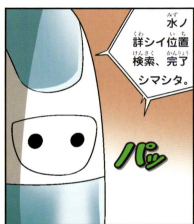

サバイバル科学知識

水を節約して使う方法

　水不足の危機を防ぐためには、普段から水を節約して使う努力が必要です。地球全体の危機である水不足問題を解決するために、世界各国で工夫したり技術が開発されています。

雨水を集める方法

　雨水には、空気中の汚れが含まれていますが、トイレの水流しや、花の水やりならそのまま使っても大丈夫です。また、濾過すれば生活用水として使うこともできます。オーストラリアでは雨水を集めてトイレや掃除、庭の水撒きに使うのが一般的で、日本ではドーム型競技場の屋根に降った雨水を貯水槽に集め、様々な用途に利用しています。韓国でも複合型建造物や駐車場、ビニールハウスなどで雨水を集めて濾過した後、利用しています。

家庭での雨水再利用　雨水タンクとパイプを設置すると、家でも雨水を貯めて使うことができる。

上水道と下水道の中間、中水道

　上水道を通って送られてくる水道水は、使った後、下水道を通って下水処理場まで運ばれます。この時使った水をそのまま下水道に送るのではなく、中水道で簡単に浄水し、それを再び活用すると水の節約になります。中水道で浄化された水は人間が飲む事はできませんが、掃除をしたりトイレで流したりする時に、または工業用水として使うことができます。中水道を活用すると、慢性的な水不足対策や水質保全などに効果があります。日本では現在、大規模な都市開発を行う時に、中水道の設置が義務付けられています。

空港でも中水道を設置してその水をトイレで使っているんだって！

自然の水タンク、緑のダム

　ダムを作る目的は、生活用水や農業用水などの水資源として利用しやすくすることと、大雨が降った時に、洪水や鉄砲水が起きないよう、下流への水の流れを調整することなどです。人工的にダムを作らなくても、木がたくさんある森は自然のダムの役目をしています。土中の木の根は雨水を吸収しているので、木が育っている森の地中にはたくさんの水が貯蔵されていることになります。また健康な地中に貯蔵されている水は、土や石、砂利などの間を通過してきれいに浄水されてます。森は雨水をたっぷり集め、雨が降らなくなると集めていた水を少しずつ出して、土が乾かないようにしてくれ、洪水が起こると木の根が土を食い止めて土砂崩れが発生しないようにしてくれているのです。

生活の中で実践する水の節約方法

　大がかりな装置が無くても、ちょっとした工夫や心がけで節水することができます。例えば、顔を洗ったり歯を磨いたりする時は、洗面器やコップに必要なだけ水を入れておくようにし、ポタポタと蛇口から水が漏れたりすることがないようしっかりと蛇口を閉めているか確認しましょう。トイレの水タンクに、砂を入れたペットボトルやレンガを入れておくと、タンクの水位が上がり流す時に比較的少ない量の水ですむので、水の節約に効果的です。

バーチャル・ウォーターとウォーターフットプリント

　私たちが食べるものや使うものを製造したり、流通する過程でも水が使われています。食料を輸入している国が、もし自分たちの国で生産したら、どのくらいの水が必要だったのかを推定したものを、バーチャルウォーターと言います。例えば、アメリカから牛肉を輸入したら、その肉を生産するのに使われた水も同時に輸入したことになる、という考え方です。また、ある製品を作るのに、すべての工程でどのくらいの水が必要になるのかを推定したものを、ウォーターフットプリントといいます。どちらも、水を大事に使う努力をするための指標として考えられたものです。

紙1kgを作るのに水95ℓが必要なんだって！

8章 地下タンクの真実

地下だから、空気も薄いようだ。

ウウ。息苦しいわ！

空気もそうだけど、太陽に当たってないからじゃないのか？

ヤッホ〜

アァ〜

そうかも……。

ロボ。ゆっくり歩こう。何かあったら大変だ。

今は嗅覚が鋭いのが恨めしいよ。死にそうだ。

ユックリ歩キマス。

ウィン

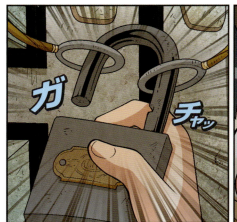

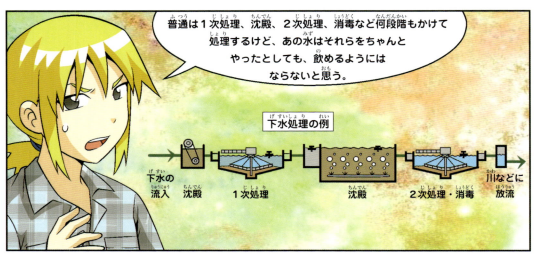

サバイバル科学知識

汚染されつつある地球の水

人間が汚している水

地上をめぐって汚くなった水は土や砂利を通り抜けて、大河や海のような所で大量のきれいな水に混ざってきれいになります。それ以外に、水の中のコケや水草、微生物、太陽光や酸素などによって汚染物質が分解されています。しかし、汚染物質が急激に増えたり長期間汚染が続くと、自らきれいになる自浄能力が限界を迎えて水質汚染が深刻になることがあります。現在、水を汚染している主な原因は合成洗剤や生ゴミ、重金属が混ざった工場排水、農薬や化学肥料など人間が作った汚染物質です。私たちは、このような水質環境を改善するために、努力しなければなりません。

汚染が深刻なアマゾン川　世界最大の川であるアマゾン川は、生活排水やゴミなどで猛スピードで汚染されている。

水質汚染を測定する方法

水にすむ微生物は、汚染物質を分解するために水中の酸素を消費しています。この時消費する酸素の量を測定した値を生物化学的酸素要求量（BOD）と言います。水の汚染程度を測る時によく使われる指標の1つです。また水に住む生物の種類で汚染の程度を推測することも出来ますが、その基準になる生物を指標生物と言います。

水質基準	BOD	指標生物の例
きれいな水	2.5mg／L以下	イワナ　アマゴ
少しきれいな水	2.5～5.0 mg／L	アユ　ウグイ
汚い水	5.0～10.0 mg／L	ギンブナ　ドジョウ
大変汚い水	10.0mg／L以上	魚はすめない

mg／L：BODを表す単位。

水質汚染がもたらす被害

イギリス、ロンドンのテムズ川汚染

コレラのような汚い水による病気を水系伝染病と言うんだ。

1800年代のイギリスのロンドンでは、産業革命の影響で工場排水や生活排水が増加し、ロンドンの水資源であるテムズ川が汚染され始めました。汚染された川の水でコレラが流行し数万人が命を失うほど、汚染は深刻な状況になりました。しかしきれいなテムズ川を取り戻すために、下水道の排水処理施設を強化するなど、市民と政府が努力を重ねたおかげで、現在のテムズ川は水道水に使うことができるほどきれいになりました。

日本、水俣市の工場排水流出

1953年頃、熊本県水俣市の水俣湾で獲れた魚介類を食べた住民らの中に、視力や聴力、言語障害を訴えたり、呼吸困難になったり、中には命を失う者が出たりするようになりました。メチル水銀が含まれた工場排水の流出が原因でした。これを水俣病と言います。2018年現在、公式に確認された水俣病患者は2282人に達します。

韓国、泰安郡の重油流出事件

2007年12月7日、西海岸の忠清南道泰安の海でタンカーと海上クレーンが衝突し、大量の重油が海に流出しました。この時流出した重油は全部で10,800tで、韓国で起こった重油流出事故の中で最大の規模でした。高い波と強風のため汚染規模が広がり、海水浴場や養殖場、漁業関係者らに大きな打撃を与えました。

重油を取り除くボランティアの人々
100万人以上のボランティアが3年がかりで作業し、やっとほぼ元通りの状態になった。

9章
きれいな水を求めて

平気だ。あれが初めてじゃないし。

ロボ、もっと深い所に水があるのか？

今のは何だったの？

どういうこと？初めてじゃないって。

サカ、さっきの地震感じなかったの？

アリマス。150m下デス。

地震だったのかな？

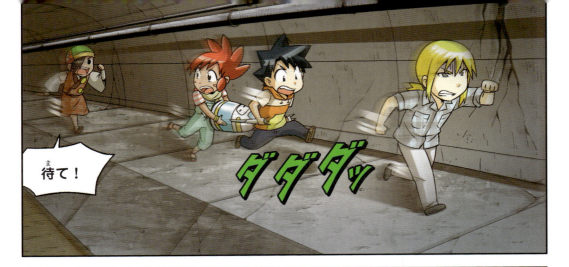

まだあそこは無事だ。

ピピ、こっちの壁側に来て。

ここも崩れるかもしれないから、1人ずつ注意して渡ろう。

分かったわ。

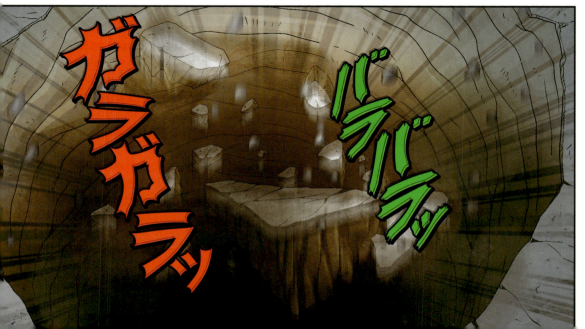

水不足のサバイバル

2016年 8 月30日　第 1 刷発行
2022年 6 月20日　第21刷発行

著　者　文　スウィートファクトリー／絵　韓賢東
発行者　片桐圭子
発行所　朝日新聞出版
　　　　〒104-8011
　　　　東京都中央区築地5-3-2
　　　　編集　生活・文化編集部
　　　　電話　03-5541-8833（編集）
　　　　　　　03-5540-7793（販売）

印刷所　株式会社リーブルテック
ISBN978-4-02-331529-7
定価はカバーに表示してあります

落丁・乱丁の場合は弊社業務部（03-5540-7800）へ
ご連絡ください。送料弊社負担にてお取り替えいたします。

Translation：HANA Press Inc.
Japanese Edition Producer：Satoshi Ikeda
Special Thanks：Noh Bo-Ram / Lee Ah-Ram
　　　　　　　　（Mirae N Co.,Ltd.）

サバイバルシリーズ ファンクラブ通信

おたより大募集

ゆうびんもメールもドシドシ！

ファンクラブ通信は、サバイバルの公式サイトでも読めるよ！

みんなからのお手紙、楽しみにしてるよ〜♪

読者のみんなとの交流の場、「ファンクラブ通信」が誕生したよ！クイズに答えたり、似顔絵などの投稿コーナーに応募したりして、楽しんでね。「ファンクラブ通信」は、サバイバルシリーズ、対決シリーズの新刊に、はさんであるよ。書店で本を買ったときに、探してみてね！

おたよりコーナー 1
ジオ編集長からの挑戦状
『○○のサバイバル』を作ろう！

みんなが読んでみたい、サバイバルのテーマとその内容を教えてね。もしかしたら、次回作に採用されるかも！？

例）冷蔵庫のサバイバル
何かが原因で、ジオたちが小さくなってしまい、知らぬ間に冷蔵庫の中に入れられてしまう。無事に出られるのか！？（9歳・女子）

おたよりコーナー 2
キミのイチオシは、どの本！？
サバイバル、応援メッセージ

キミが好きなサバイバル1冊と、その理由を教えてね。みんなからのアツ〜い応援メッセージ、待ってるよ〜！

例）鳥のサバイバル
ジオとピピの関係性が、コミカルですごく好きです!!サバイバルシリーズは、鳥や人体など、いろいろな知識がついてすごくうれしいです。(10歳・男子)

おたよりコーナー 3
ピピが審査員長！2コマであそぼ

お題となるマンガの1コマ目を見て、2コマ目を考えてみてね。みんなのギャグセンスが試されるゾ！

例 お題

井戸に落ちたジオ。なんとかはい出た先は！？

地下だったはずが、なぜか空の上！？

おたよりコーナー 4
ケイ館長のサバイバル美術館

みんなが描いた似顔絵を、ケイが選んで美術館で紹介するよ。

例

上手い！

みんなからのおたより、大募集！

1. コーナー名とその内容
2. 郵便番号
3. 住所
4. 名前
5. 学年と年齢
6. 電話番号
7. 掲載時のペンネーム（本名でも可）

を書いて、右記の宛て先に送ってね。掲載された人には、サバイバル特製グッズをプレゼント！

● 郵送の場合
〒104-8011 朝日新聞出版 生活・文化編集部
サバイバルシリーズ ファンクラブ通信係

● メールの場合
junior @ asahi.com
件名に「サバイバルシリーズ ファンクラブ通信」と書いてね。
※応募作品はお返ししません。※お便りの内容は一部、編集部で改稿している場合がございます。

ファンクラブ通信は、サバイバルの公式サイトでも見ることができるよ。

 科学漫画サバイバル 検索

新発売 ドクターエッグ

科学漫画 いきもの観察 シリーズ

ヤン博士 — 勇敢でたくましく、心優しい行動派。「チーム・エッグ」では主に撮影を担当。

エッグ博士 — 明るくユニークで、子どもたちに大人気。「チーム・エッグ」として仲間のウン博士、ヤン博士とともに、いきものの魅力を伝えるコンテンツを日々制作している。

ウン博士 — いきものについての知識が豊富な知性派。「チーム・エッグ」のブレイン的存在。

かわいいイラストで、いきもののことが学べる！好きになる!!

「いきもの大好き！」なエッグ博士、ヤン博士、ウン博士の3人が、いきものの魅力と生態をやさしく、楽しく伝えるよ！

オオスズメバチに襲われて大ピンチ!!

ドクターエッグ1から

カブトムシの恋の行方は？

ドチザメとの間に生まれた友情

クラゲがピンチを救う!?

ドクターエッグ2から

© The Egg, Hong Jong-Hyun/Mirae N

ドクターエッグ①
ハチ・クワガタムシ・カブトムシ 152ページ

ドクターエッグ②
サメ・エイ・タコ・イカ・クラゲ 156ページ

早く読みた〜い

各1320円（税込み）、B5変

——— 大好評発売中 ———

ASAHI 朝日新聞出版